图说海洋现象

Tushuo
Haiyang
Xianxiang

李凤岐　韩玉堂 ◎ 主编

文稿编撰／王　晓
图片统筹／易巧巧

中国海洋大学出版社
·青岛·

致 谢

本书在编创过程中，国家海洋局赵觅、夏立民、王晶，中国海洋大学杨立敏、李建筑、邓志科在图片方面给予了大力支持，王雪绘制了部分图片，在此表示衷心的感谢！书中参考使用的部分图片，由于权源不详，无法与著作权人一一取得联系，未能及时支付稿酬，在此表示由衷的歉意。请相关著作权人与我社联系。

联 系 人：徐永成

联系电话：0086-532-82032643

E-mail: cbsbgs@ouc.edu.cn

图书在版编目（CIP）数据

图说海洋现象/李凤岐，韩玉堂主编.—青岛：中国海洋大学出版社，2013.3（2019.4重印）

（图说海洋科普丛书/吴德星总主编）

ISBN 978-7-5670-0223-4

Ⅰ.①图⋯　Ⅱ.①李⋯②韩⋯　Ⅲ.①海洋－儿童读物　Ⅳ.①P7-49

中国版本图书馆CIP数据核字（2013）第024059号

出版发行 中国海洋大学出版社	
社　　　址 青岛市香港东路23号	**邮政编码** 266071
出 版 人 杨立敏	
网　　　址 http://www.ouc-press.com	
电子信箱 dengzhike@sohu.com	
订购电话 0532-82032573（传真）	
责任编辑 邓志科	**电　　话** 0532-85901040
印　　制 天津泰宇印务有限公司	
版　　次 2013 年 4 月 第 1 版	
印　　次 2019 年 4 月 第 2 次印刷	
成品尺寸 185 mm×225 mm	
印　　张 6	
字　　数 105千	
定　　价 24.00元	

图说海洋科普丛书

总主编 吴德星

编委会

主　任　吴德星　中国海洋大学校长

副主任　李华军　中国海洋大学副校长

　　　　　杨立敏　中国海洋大学出版社社长

委　员（按姓氏笔画为序）

　　　　　朱　柏　刘　康　李夕聪　李凤岐　李学伦　李建筑

　　　　　赵广涛　徐永成　傅　刚　韩玉堂　魏建功

总策划　李华军

执行策划

杨立敏　李建筑　魏建功　韩玉堂　朱　柏　徐永成

启迪海洋兴趣　扬帆蓝色梦想

——出版者的话

是谁，在轻轻翻卷浪云？

是谁，在声声吹响螺号？

是谁，用指尖跳舞，跳起了"走近海洋"的圆舞曲？

是海洋，也是所有爱海洋的人。

走进蓝色大门，你的小脑瓜里一定装着不少稀奇古怪的问题——"抹香鲸比飞机还大吗？""为什么海是蓝色的？""深潜器是一种大鱼吗？""大堡礁除了小丑鱼尼莫还有什么？""北极熊为什么不能去南极企鹅那里做客？"

海洋爱着孩子，爱着装了一麻袋问号的你，它恨不得把自己的一切通通告诉

你，满足你所有的好奇心和求知欲。这次，你可以在"图说海洋科普丛书"斑斓的图片间、生动的文字里找寻海洋的影子。掀开浪云，千奇百怪的海洋生物在"嬉笑打闹"；捡起海螺，投向海洋，把你说给"海螺耳朵"的秘密送给海流。走，我们乘着"蛟龙"号去见见深海精灵；来，我们去马尔代夫住住令人向往的水上屋。哦，差点忘了用冰雪当毯子的南、北极，那里属于不怕冷的勇士。

海洋就是母亲，是伙伴，是乐园，就是画，是歌，是梦……

你爱上海洋了吗？

前言
qianyan

　　晨起，赶海。调皮的浪花没过你的小脚丫。大海离你这么近，又那么远。近得让你可以亲到它蓝蓝的脸，远得让你看不清它真正的模样。

　　走，让我们去看看远方的海洋——那里的海有明媚的蓝色，那里的海咸水也可以变淡水，那里的海平面在悄悄变高，那里的潮间带生活着小小的招潮蟹。什么？那里还有疯狗一样的浪？

　　没错，海雾来的时候，大海上就像掉下一朵云；海冰"长大了"，一样会淘气"做坏事"；没收到过漂流瓶？小鸭子"舰队"也没见过？那你一定还不清楚海流的"威力"。台风和海啸来了，是要把世界都给"吞了"吧，它们的胃口可真大；可怜的海岸被谁"吃"了？是你吗？还有个和你一样"乱画画"的赤潮，在给海洋"捣乱"。

　　这就是神奇的海洋现象！等你全都弄清楚了，远方的海洋就离你很近很近了——甚至，它们会住进你的心里。

目录
mulu

走近神奇的海洋

在人们心中，海洋是魔术师，它在蓝色星球尽显神奇，变换颜色，上升下降，时曲时平。来，走近海洋，一起见证神奇！

你好，海洋

海水大多数是蓝的，和天空一样蓝；海很大，很大，有海峡，有海湾；海上有船，大船小船……海洋是梦中的乐园。

海洋的颜色

大海是蓝色的吗？大多数海是蓝色的，但是，它还有其他的颜色。

黑海　　　　　　　　　　　　　　黄河入海口的海

海洋和陆地，谁更大？

从太空看地球，就能发现海洋比陆地大多啦！

地球像不像个大"水球"？

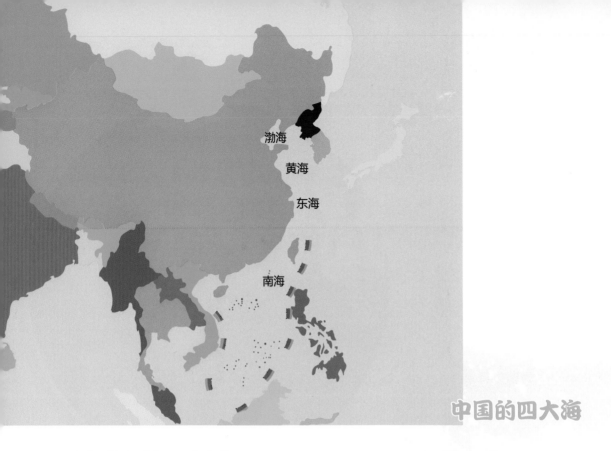

渤海
黄海
东海
南海

中国的四大海

地球上的四大洋

北冰洋

大西洋

大西洋

太平洋

印度洋

它们四个是"兄弟"！

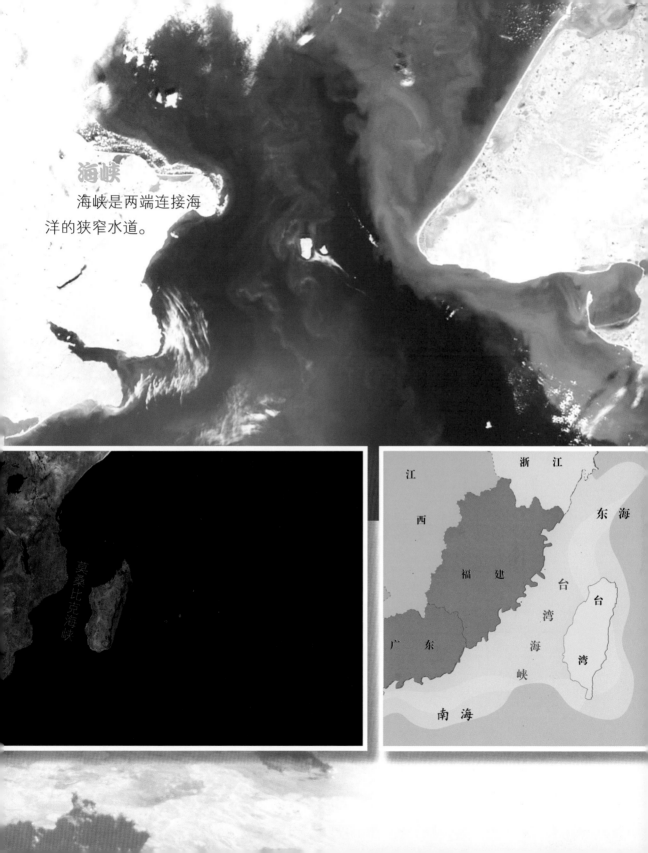

海峡

海峡是两端连接海洋的狭窄水道。

莫桑比克海峡

江西　浙江

东海

福建

台湾海峡

台湾

广东

南海

海湾

海湾是洋或海延伸进大陆且深度逐渐减小的水域。

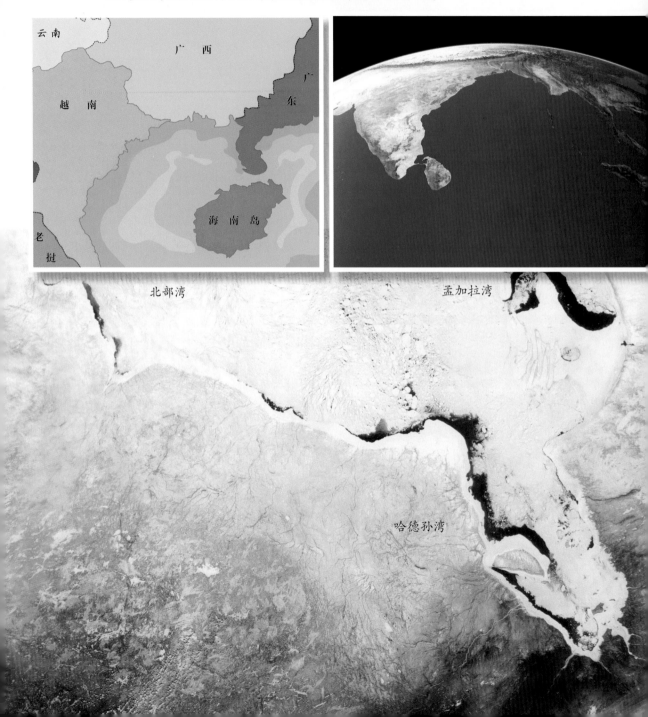

北部湾　　　　　　　　　孟加拉湾

哈德孙湾

海水，海水，我问你

海洋那么大，海水那么多，可以"扑通扑通"玩个够啦！但你知道海水还有哪些秘密吗？走，咱们去问问海水吧。

海水，是什么味道？

你在海边玩，这时，一个大浪"哗——"地向你拍过来，还没来得及逃跑呢，你就被溅（jiàn）得满身都是海水。用舌头舔一舔，什么味？——又苦又咸！

"啊呀，喝了一口海水，真咸！"

海水，为什么这么咸？

妈妈做菜时，是不是会放上些白色的食盐。我们吃的盐大多是把海水放在阳光下晒干得来的。

海盐　　　　　　　　　　　　　　收获海盐

渤海

黄海

东海

渤海的水最淡，排第四名。

黄海排第三名。

东海排第二名。

南海排第一名。

南海

比比哪个海的水更咸！

世界上最淡的海是
波罗的海

世界上最咸的海是红海

海水，能喝吗？

虽然海水有点咸，但是如果你非常非常口渴，可不可以把海水当水喝呢？
"不可以——！"海水不能喝。

再渴也不能喝海水！海水里的盐分太多了，过多的盐分进入我们的身体，是有害的。

我还是不要喝海水了。

有没有办法让海水变淡水？

世界上有些国家非常缺淡水，怎么办呢？

海水那么咸，不能喝。想办法把盐去掉，不就能得到淡水了吗？现在，有些国家已经能把咸咸的海水变成淡水了。

沙特阿拉伯已经这样做了70多年！

海水能用来做什么?

没有经过淡化的海水，也有很多用处。

在我国台湾的绿岛，还有海水温泉呢

用海水养鱼养虾

海平面，平不平？

　　一大早，太阳就从海上最远的一条线上"蹦"出来。海洋真是又大又"平"，果真是这样吗？走，去认识一下"海——平——面"吧！

位于青岛银海国际游艇俱乐部的"中华人民共和国水准零点"标志

海平面不是平的？

站在海边望去，大海好像是平的。其实，真正的海面并不平。

为什么呢？

涨潮时，潮头海面那么高，退潮时，又那么低，海面怎么会是平的呢？

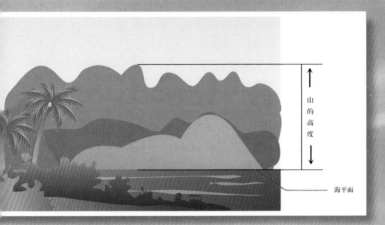

山的高度

海平面

海平面是什么？

　　虽然海面不平，但是它有一个平均高度，这就是海平面。你知道吗？要想知道大山有多高，就要以海平面为基准，这就是人们常说的海拔高度！

比一比，哪个海的海平面高

我国沿海海平面呈现南高北低的趋势。

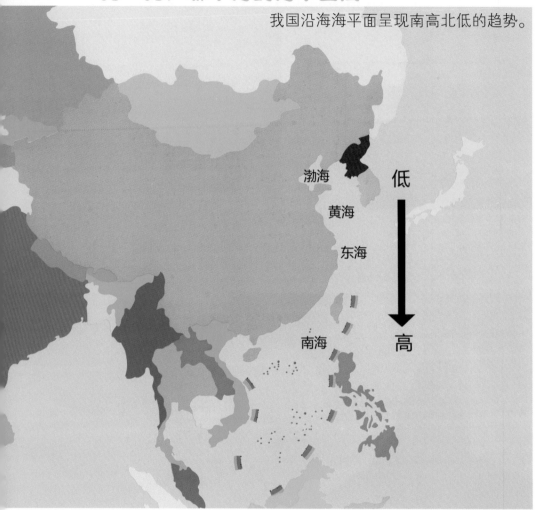

渤海

黄海

东海

南海

低

高

全球海平面在悄悄变高……

　　人类活动，造成大量的碳排放，形成温室效应，使全球变暖，冰川融化，海平面因此越来越高了。北极熊、小企鹅，还有那些在海岛上生活的人快没有家了。

冰川都开始化了

不让海平面这么快上升，我们可以做什么？

科学家研究表明，降低碳排放会有效阻止海平面上升。生活中我们应该如何做呢？

节约用电　　　　　　　　　　　　关灯

要用环保袋，不用塑料袋

多乘公交车，少坐私家车

常见的海洋现象

潮汐间有生命，波浪也会开花。朦胧的海雾，流浪的海冰，神奇的海流……海洋是个万花筒，映出五彩缤纷的海洋现象。

大海的"呼吸"——潮汐

在海边玩时，你看见过大海的"呼吸"吗？
一吸——海水就往后退；一呼——海水就往前涌。

潮涨，潮落

涨潮　　　　　　　　　　　　　　　　　　落潮

潮间的生命

潮涨和潮落差别很大！落潮的时候去海边走走，还能捡到小虾、小蟹、牡蛎和贻贝呢！

　　沙滩上有一个小洞，洞里的小家伙在焦急地等待着。它听见海浪的声音离自己越来越远，高兴极了 ——"哈哈，今儿又可以饱餐一顿了。"忘了介绍啦，这小家伙叫做招潮蟹，它专在落潮之后爬出来找好吃的。

什么是"潮"，什么是"汐"？

大多数海区，大多数日子，一天之中海水会发生涨落。古人认为，白天涌水为"潮"，晚上则称"汐"。

白天的涨落是"潮"！

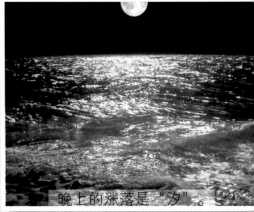

晚上的涨落是"汐"。

太阳
月球
地球

大海为什么会"呼吸"？

地球围着太阳转，月球围着地球转，是这三个星球不断运动，它们之间的吸引力不断变化，才让大海有了"呼吸"。

中国著名的钱塘江大潮

要想看到中国最大的潮，那一定要在农历八月十八日去钱塘江口了。

看潮时一定要离得远一些，不然就会被涌来的潮水卷走。

世界著名的海潮

世界上潮位最高、潮差最大、涨落迅速的海潮在哪儿呢？——那就是芬迪湾了！

涨潮时，海潮潮位最高可有四层楼那么高！

潮落时

芬迪湾在哪儿呢？

原来它就在加拿大啊。

芬迪湾

潮汐发电

　　大海"一呼一吸"，也能用来发电。咱们国家和法国都建起了大大的潮汐电站，厉害吧！

这是世界上最著名的潮汐电站 —— 法国朗斯潮汐电站

这是中国最大的潮汐电站 —— 浙江乐清湾的江厦潮汐电站

波浪"开花"

波一波，一浪一浪，涌上岸头。大海边，铺金沙，金沙上面开浪花，我跟浪花做游戏，浪花挠我小脚丫。

无风不起浪

海风吹着海水，海水波动，好像海洋上开出"花朵"来。

海浪有时很舒缓，有时很猛烈。

海边浪花

大浪

巨浪

还有像"疯狗"一样的浪？

没错，还真有一种浪叫疯狗浪。

它是中国闽南地区的渔民为一种巨浪起的名字。

这种浪很厉害，不同方向的小波浪汇集起来，就会卷起猛浪。如果人来不及躲避，就会被疯狗浪卷走。

海浪来了，动物怎么办？

聪明的弹涂鱼会打洞，当大浪扑来的时候，它就躲进洞里，这样就安全多了。

当海浪扑来的时候，企鹅可以发挥它会游泳的本领，潜到海底，躲避风浪。

海浪来时，海豹凭借敏捷的身手，爬到高出海面的礁石上，来躲避风浪。

海浪能发电

海浪有时能把船掀翻，这么大的能量，为什么不用来发电呢？

其实，科学家已经找到用海浪发电的办法。现在，全世界的海浪发电机可多了！

静悄悄的海雾

海雾每次来去，都静悄悄的。来的时候悄悄地给海与天蒙上面纱，走的时候一点声音也没有。

海雾

海雾

对比海雾与陆地上的雾

陆地上也起雾，这种雾跟海雾长得一模一样，简直是双胞胎！但是，陆地上的雾不是海雾，海雾是在海洋上生成的。

陆地上的雾

海雾从哪儿来的？

暖暖的空气来到冰凉的海面，打了个"寒颤"，空气中的水汽聚成小小的水滴，白茫茫的海雾就形成了。

中国的海雾

每年 4~7 月，青岛的雾天就会多起来，现在你知道是为什么了吧，那是海雾悄悄来了。

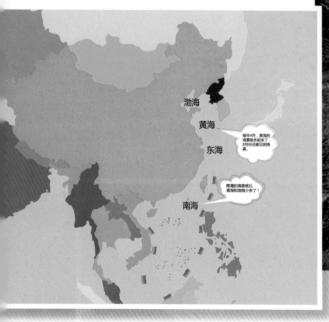

荣成成山头海雾

青岛胶州湾跨海大桥两侧的海雾

世界的海雾

海雾也喜欢到一个叫秘鲁的国家。海雾太大了，那里的人就想了个办法，用雾气收集网把雾转化成水，这样就可以用来浇庄稼地啦！真是太聪明了。

秘鲁

纽芬兰岛附近的海雾可大了，它一来，整个大西洋北部都白茫茫一片。

海上航行，小心海雾！

海上起大雾，视野不清，船就很容易撞在一起，还可能撞在大石头上，很危险！海雾来的时候，还是不要在船上玩了。

没有起雾时的金门大桥

浓雾笼罩下的金门大桥

哇，好多海冰

海冰是什么？这都不知道？天变冷时，海水"一打哆嗦"，就变成海冰了。海冰会长大，海冰会做好事，也会办坏事，这是怎么一回事？

"我站的地方就是一块海冰，对我们北极熊家族来说，海冰就是漂浮在海洋上的大地。"

"安定"的海冰，"流浪"的海冰

固定冰：在海岸边形成，不会随着风和海流漂走。

浮冰：在海面上漂浮，会被风吹得"走到东来走到西"，被海浪"推到东来推到西"。

海冰的"一生"

海冰初生时，是薄片冰晶

然后变得像"海绵"

更冷了，就像莲叶一样，变成冰皮了

不管是安定的海冰，还是"流浪"的海冰，都是这么长大的。

冰皮越来越厚，变成了灰白冰和白冰

哪儿能看到海冰？

每年冬季，我国的渤海和黄海北部沿岸，都能看到大大小小的海冰。

海冰，海冰，表扬你

把海冰融化，我们就能有很多很多的淡水了。尤其是南极和北极，有很多含盐量很少的冰山。

海冰还能调节海水的"体温"，极地海水"体温"常年波动在1℃内。

海冰，海冰，批评你

被海冰包围的
船，走也走不动……

如果不小心撞上"大
个儿"海冰，"嘭——"
船就沉了……

著名的"泰坦尼克"号
邮轮在北大西洋撞上冰山，
被大海一口"吃"掉了。

神奇的海流

漂流瓶

你 在海边见到过漂流瓶吗？
你在海边捡到过皮球吗？

它们有可能不是在这里海滩上玩的小朋友留下的，而是海另一边的小朋友的玩具，是海流让它们漂洋过海来到你身边。

什么是海流？

　　海流呀，其实就是流动的海水。海水是生生不息的，会在风和其他力量的作用下，常年按照一定的方向流动，这就是海流。

海流

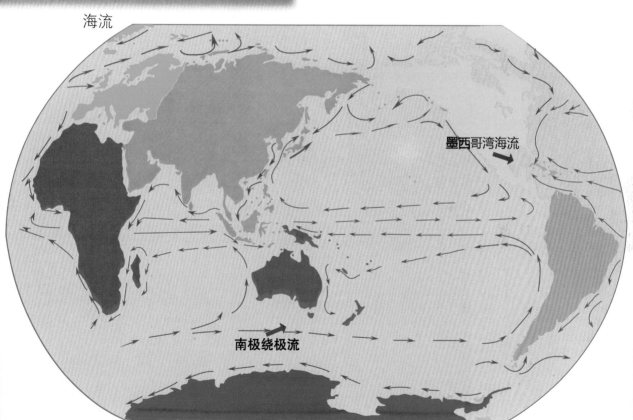

墨西哥湾海流

南极绕极流

全球海流分布

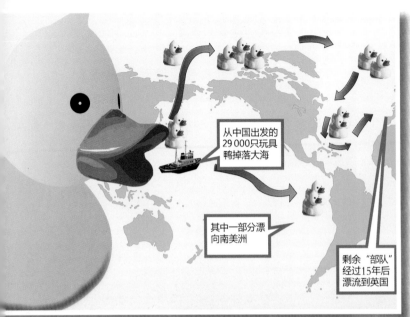

从中国出发的29 000只玩具鸭掉落大海

其中一部分漂向南美洲

剩余"部队"经过15年后漂流到英国

小鸭子舰队

1992年，一艘货船在太平洋中心海域遇到强烈风暴，装有中国生产的29 000只玩具鸭子的集装箱坠入大海并破裂，这些玩具鸭子组成了一支"小鸭子舰队"。

于是，"小鸭子舰队"开始随着海流旅行……

海流是不是非常神奇？

鱼类乐园

　　神奇的海流还能造出鱼类乐园。

　　海水流动，同时运送着海水中的营养物质。鱼儿们最喜欢营养物质了，寒、暖流一交汇，鱼儿们就集合去吃"大餐"。这样，世界上的大渔场便出现了。

北海渔场

北海道渔场

纽芬兰渔场（已关闭）

秘鲁渔场

世界四大渔场

船快，船慢

海流还能影响船的航行呢！

哥伦布

航海家哥伦布从欧洲航行到美洲，短路线用了 37 天，长路线却只用了 22 天。为什么？因为神奇的海流。

如果顺流而行，船会加速；逆流而行，船会减速。

特殊的海洋现象

台风捣乱，风暴潮发怒，海啸吼叫，海洋显示它的威严；海面被"涂抹"，海岸被侵蚀，海洋忍不住会伤心……

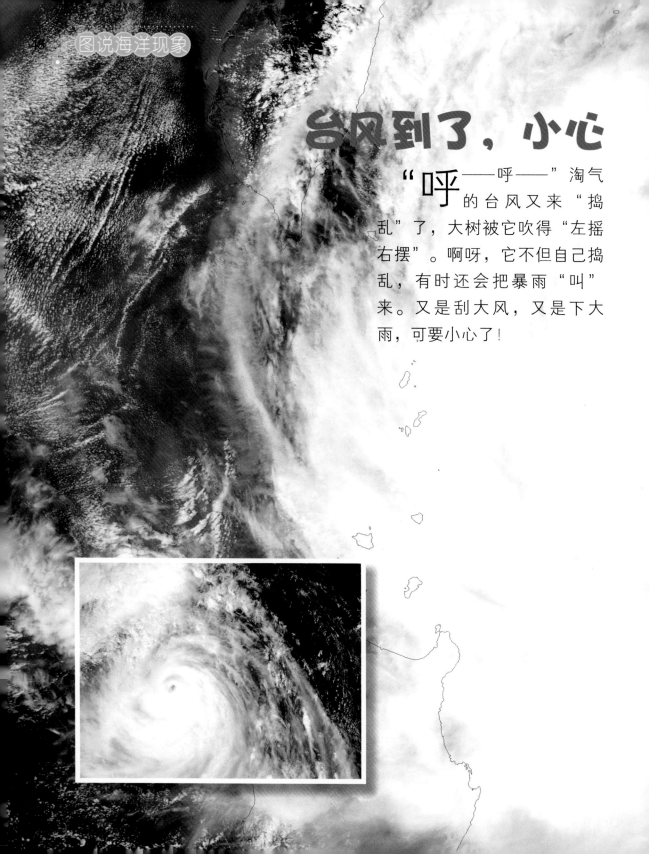

台风到了，小心

"**呼**——呼——"淘气的台风又来"捣乱"了，大树被它吹得"左摇右摆"。啊呀，它不但自己捣乱，有时还会把暴雨"叫"来。又是刮大风，又是下大雨，可要小心了！

台风：发生在西北太平洋上

飓风：发生在印度洋和大西洋上

　　台风是发生在西北太平洋上的热带气旋，其实就是很大很大的风啦！如果是发生在印度洋和大西洋上，就换名字了，得叫飓风啦。

　　台风的风力能达到12级以上，夏天和秋天光顾得多，冬天和春天就不用担心台风了。

台风"全身照"

台风的结构主要有台风眼和台风云墙。

台风眼

台风云墙

台风惊人的破坏力

刮倒大树

造成洪水泛滥

带来暴雨

引发风暴潮

"苏拉"和"达维"

2012年第9号台风"苏拉"和第10号强热带风暴"达维"逼近青岛，海域刮起了大风，下起了暴雨。

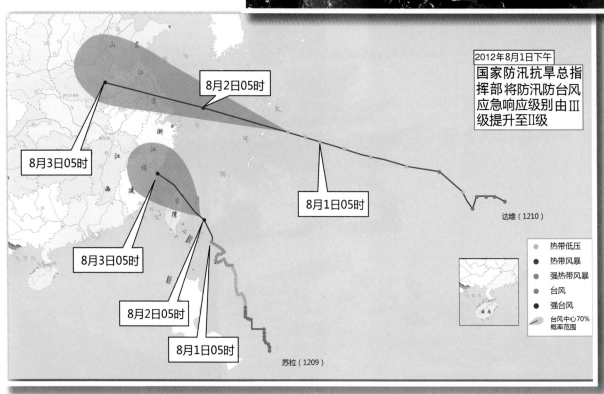

8月2日05时

8月3日05时

2012年8月1日下午
国家防汛抗旱总指挥部将防汛防台风应急响应级别由Ⅲ级提升至Ⅱ级

8月1日05时

达维（1210）

8月3日05时

8月2日05时

8月1日05时

苏拉（1209）

- 热带低压
- 热带风暴
- 强热带风暴
- 台风
- 强台风
- 台风中心70%概率范围

台风还有别的名字吗？

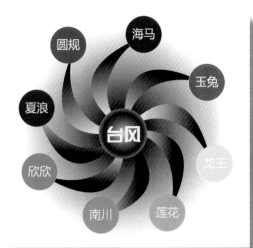

台风共有140个名字，比全班小朋友的名字都多！

记住这些预警信号

蓝色台风预警
24小时内可能风力达6级以上，或者阵风8级以上并可能持续。

黄色台风预警
24小时内可能风力达8级以上，或者阵风10级以上并可能持续。

橙色台风预警
12小时内可能风力达10级以上，或者阵风12级以上并可能持续。

红色台风预警
6小时内可能风力达12级以上，或者阵风达14级以上并可能持续。

风力越来越大，到了橙色警报，小朋友就不要上学了，要待在家里。

台风来之前，我们怎样应对？

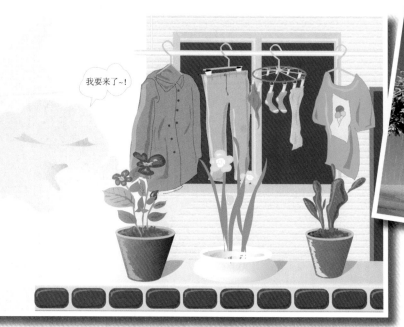

把阳台上的花盆、衣服等拿回家。

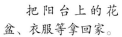

关好家里的门窗，最好不要出门。

可怕的风暴潮

如果给海洋灾害排个名，那风暴潮一定能进前三名。风暴潮太可怕了，海水都"发起怒来"。

风暴潮是什么?

风暴潮是由于强烈的大气扰动,引起海面水位异常升高的现象。

风暴潮,真可怕

美国 "卡特里娜" 飓风引发了风暴潮,海水几乎将新奥尔良市全城淹没,遇难者有 1 000 多呢!

进入陆地

淹没田地

风暴潮多发地

这些地方容易发生风暴潮，这些地方的人可要当心了。每年夏天、秋天和冬天，风暴潮最容易出现。

北海沿岸

日本、朝鲜

美国东海岸

中国杭州湾

美国墨西哥湾

孟加拉湾

风暴潮

远离风暴潮

还是在家里安全

风暴潮这么可怕，还是不外出好

看到电视上有风暴潮
的预报，要早做准备。

恐怖的海啸

海啸来了！

　　"轰——隆——，轰——隆——"一波高过一波的巨浪，一个劲儿地往岸边扑来。可怕的海啸（xiào）来了！

海啸是什么?

海啸是海底大地活动造成海面恶浪,并伴随着巨响的自然现象。其破坏力大得惊人。

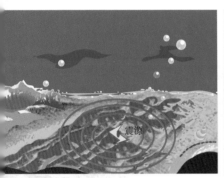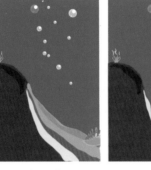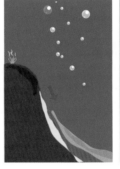

海底地震,最有可能引起海啸。

水下滑坡,可能引起海啸。

海底火山,也能引起海啸。

海啸有多可怕?

可怕的海啸，就像一头蓝色的怪物，要把眼前的一切统统吃掉。一到岸边，它就变得比大楼还要高。

海啸上岸后，会把人卷走，把挡在它前面的房子、大树全都打倒，汽车会像玩具一样漂在水面上。

可怕的海啸过去后，屋子都倒了，一座小城就这么毁了，孩子也无家可归了。

2011年，日本就发生了这样可怕的海啸。

介绍 2004 年印度尼西亚海啸的影片《海啸魔魇》剧照

海啸来了，怎么办？

海啸发生在眼前时，要快点到高的地方去。

海啸发生后，抓住能浮起来的东西。

海啸发生前海面往往明显升高或降低，如果看到海水后退速度异常快，这时要告诉身边的人，赶快往高处跑。

"乱画画" 的赤潮

大海本来是纯净的蓝色，是谁在大海"身上"涂上了难看的颜色？——原来是赤潮。

赤潮长得什么样？

赤潮的样子就像把颜料倒进了大海，把大海显得脏脏的。

赤潮不止一种颜色

为什么会有赤潮?

下面的因素都有时，赤潮就形成了。

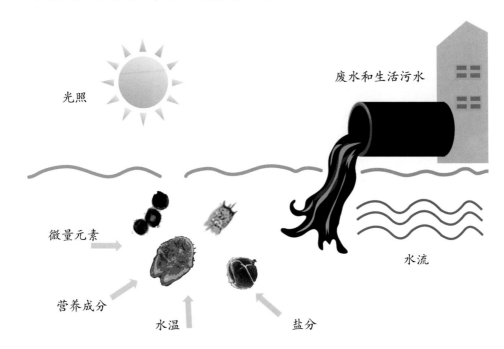

光照

废水和生活污水

微量元素

营养成分

水温

盐分

水流

哪里有赤潮?

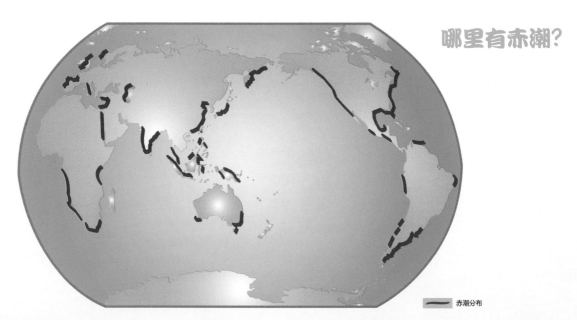

━━━ 赤潮分布

赤潮的危害

赤潮发生后，鱼虾等因无法呼吸而死，人吃了这些鱼虾可能会中毒呢。

我们能做什么？

你应该好好学习，努力成为一名海洋环境专家，来治理赤潮。

你可以让妈妈多用肥皂，少用含磷洗衣粉。

海岸被谁"吃"了?

海 岸边的石头奇形怪状，是怎么形成的?

海边沙少了，海岸变小了，是什么"吃"掉了海岸?

其实，这就是海岸侵蚀现象。

青岛石老人

　　"石老人"原是海岸陆地的一个角，风吹浪打，这个角被"吃"成一个洞，远看就像一位老爷爷。

其他海蚀景观

海蚀洞

海蚀柱

　　把海岸的石头"钻"一个小口，把一块大石头"削"成柱子等，这都是海浪和风干的"好事"。

海蚀崖

世界海蚀奇观

英格兰西南部德文郡海边的"黑教堂"，有侵蚀洞。

澳大利亚坎贝尔港国家公园的侵蚀海岸，有侵蚀柱。

海岸保卫战

除了大自然会"吃"海岸，人类也会"吃"海岸。

滨海挖沙，会引起海水倒灌。

如果没有人来挖沙，挖珊瑚，"吃"海岸，我们就可以在海岸上捉小螃蟹，也可以建港口，还可以和各地来的小朋友一起欣赏海岸美景。我们要保卫海岸！

爱护我们的海洋

海洋是我们的家园，海洋是我们的希望。保护海洋，就是保护我们的家，就是保护我们的未来！

我们的海洋很美……

我们的海洋在哭……

地球变暖，海平面上升

海洋污染

世界海洋日

为了不让海洋哭泣，我们要行动起来，保护海洋。你知道每年的世界海洋日是哪一天吗？

行动起来

■ 少用含磷洗衣粉。

■ 不向海洋中丢垃圾，养成拾捡垃圾的好习惯。

■ 学习海洋知识，向周围的人积极宣传。